Sitzungsberichte
der Akademie der Wissenschaften
der DDR
Mathematik – Naturwissenschaften – Technik

2 N

1989

Dieter Spaar / Johannes Richter

Moderne Verfahren der Diagnose phytopathogener Viren und Bakterien im Pflanzenschutz und in der Pflanzenzüchtung

AKADEMIE-VERLAG BERLIN

Sitzungsberichte
der Akademie der Wissenschaften
der DDR
Mathematik – Naturwissenschaften – Technik

Jahrgang 1989 · Nr 2/N

Dieter Spaar/Johannes Richter

Moderne Verfahren der Diagnose phytopathogener Viren und Bakterien im Pflanzenschutz und in der Pflanzenzüchtung

AKADEMIE-Verlag Berlin
1989

Gemeinsam ausgearbeiteter Vortrag von
Prof Dr. Dr. h. c Dieter Spaar und
Prof. Dr. sc. Johannes Richter, Akademie
der Landwirtschaftswissenschaften, Institut
für Phytopathologie Aschersleben, gehalten
am 16. Juni 1988 vor der Klasse Biologische
Wissenschaften der AdW der DDR

Herausgegeben im Auftrage
des Präsidenten der Akademie
der Wissenschaften der DDR
von Vizepräsident Prof. Dr Hans-Heinz Emons

ISBN 3-05-500525-2
ISSN 0138-3965
Erschienen im Akademie-Verlag Berlin, Leipziger Straße 3–4, DDR-1086 Berlin

Lizenznummer 202 · 100/364/89
Printed in the German Democratic Republic
Gesamtherstellung VEB Druckhaus Köthen
LSV 1315
Bestellnummer 763 998 7 (2010/89/2/N)
00300

Neben den Pilzen spielen auch Viren und Bakterien als Erreger von Pflanzenkrankheiten eine wichtige Rolle. Die von ihnen verursachten Ertragsausfälle sind bei den verschiedenen Kulturpflanzen und in unterschiedlichen Klimaten zwar differenziert, insgesamt aber nicht unerheblich. Die Zahl der eindeutig beschriebenen phytopathogenen Viren hat in den letzten Jahren stark zugenommen. Betrug sie im Jahre 1955 etwa 250, so waren es 25 Jahre später bereits 600 (HARRISON, 1980). Heute kann mit ca. 1000 unterschiedlichen Erregern gerechnet werden. Die Gründe für dieses Anwachsen liegen – wie auch im Falle der phytopathogenen Bakterien – in erster Linie in der Verstärkung der Forschungstätigkeit in einer steigenden Anzahl von Ländern. Angaben über die Höhe der insgesamt durch Viruskrankheiten bei Kulturpflanzen bedingten Verluste können letztlich nur auf Schätzungen beruhen. In der DDR wird der Anteil der durch Viruskrankheiten verursachten Ertragsbeeinträchtigungen an den durch biotische Schaderreger hervorgerufenen Gesamtverlusten auf etwa 20 % geschätzt (SPAAR, 1985) Er kann in bestimmten Jahren bei einzelnen Kulturen weit darüber liegen.

Ähnlich liegt die Situation bei den Bakterien, wobei in die Reihe der phytopathogenen Prokaryoten neben den Eubakterien noch bestimmte Spiroplasmen sowie Mykoplasma-ähnliche (MLO) und Rickettsia-ähnliche (RLO) Organismen gehören. Heute sind mehr als 400 Erkrankungen mit z. T. erheblichen Auswirkungen bekannt, die durch diese Gruppe von Erregern hervorgerufen werden Wenn diese Krankheiten auch in tropischen und subtropischen Gebieten zu besonders schwerwiegenden Verlusten führen, so haben doch bakteriell bedingte Erkrankungen hinsichtlich Verbreitung und Schadausmaß auch in gemäßigten Klimabereichen stetig zugenommen In der DDR wurde ihr Anteil am Gesamtkomplex der durch biotische Schaderreger verursachten Verluste in den 60er Jahren auf 2 % geschätzt. Gegenwärtig rechnet man bereits mit 3 % (SPAAR und KLEINHEMPEL 1989). In diesem Zusammenhang kann eingeschätzt werden, daß mit der weiteren Intensivierung, Konzentration und Spezialisierung in der Pflanzenproduktion vieler Länder, mit der zunehmenden Mechanisierung der Pflege-, Ernte- und Aufbereitungsarbeiten in zahlreichen landwirtschaftlichen Kulturen und mit dem wachsenden Austausch von Saat- und Pflanzgut sich zukünftig bei einer Reihe dieser Erkrankungen die potentielle Gefährdung weiter erhöhen wird.

In Anbetracht dieser Situation gewinnt die Ausarbeitung effektiver Bekämpfungsverfahren zunehmende Bedeutung. Voraussetzung hierfür sind eine sichere Identifizierung der Erreger bzw die Entwicklung diagnostischer Methoden und Verfahren mit hoher Zuverlässigkeit Ein Bedarf an derartigen Prozeduren besteht in verschiedenen Bereichen der Pflanzenproduktionsforschung, insbesondere in Phytopathologie und Pflanzenschutz (einschließlich der Erzeugung von erregerfreiem Saat- und Pflanzgut) und in der Pflanzenzüchtung Von diagnostischen Methoden wird hohe Zuverlässigkeit (Nachweissicherheit) gefordert, wobei der Empfindlichkeit und der Spezifität eine besondere Bedeutung zukommt Ein weiteres wichtiges Kriterium stellt die Praktikabilität dar, insbesondere im Hinblick auf eine routine- und serienmäßige Massentestung.

Für die Diagnose der genannten Krankheitserreger steht ein relativ breites Spektrum unterschiedlicher Methoden zur Verfügung, von denen biologische und serologische Verfahren traditionsgemäß vorherrschen

Unter den biologischen Diagnosemethoden stellt die Symptombonitur den ältesten und einfachsten Weg zur Erkennung einer Krankheit dar Insbesondere in der Virologie, häufig jedoch auch in der Bakteriologie, ist die Nachweissicherheit einer Symptombonitur jedoch begrenzt Trotzdem ist sie noch heute insbesondere dort ein unerläßlicher Bestandteil komplexer diagnostischer Verfahren, wo großflächige Bestandskontrollen durchgeführt werden müssen. Die Grenzen der Symptombonitur liegen zum einen darin, daß die Symptome in vielen Fällen relativ unspezifisch sind, und zum anderen in der Tatsache, daß bei bestimmten Kulturarten oder -sorten keine Krankheitserscheinungen auftreten und die Infektion somit latent bleibt Aus diesem Grunde ist ein experimenteller Erregernachweis häufig unerläßlich Bei den biologischen Testen (Bioassays) erfolgt die Übertragung durch Pfropfung, Vektoren oder auf mechanischem Wege auf geeignete Indikator- oder Testpflanzen Pfropfübertragungen spielen vor allem in der Virologie bei mehrjährigen Kulturen (Obstgewächse, Forstgehölze, Weinreben, Hopfen) eine Rolle Besondere Bedeutung kommt jedoch dem biologischen Nachweis über die mechanische Infektion von geeigneten krautigen Testpflanzen zu. Derartige Tests werden im Gewächshaus durchgeführt und zeichnen sich in der Regel durch hohe Empfindlichkeit aus Weniger günstig ist die Spezifität zu beurteilen, zudem sind derartige Bioassays zeitaufwendig. Es bedarf keiner besonderen Erwähnung, daß die Zeit und der Bedarf an Gewächshausplatz den Einsatzbereich dieser Kategorie von Testen einschränken.

Aus diesen Gründen hat man sich frühzeitig serologischen Methoden zugewendet Der Hauptvorteil von serologischen Testen (= Immunoassays) liegt in der hohen Spezifität begründet Dies trifft allerdings mehr für Viren zu, deren Antigenität auf die Proteinhülle zurückgeht. Im Falle der Bakterien werden vor allem Oberflächen-Antigene von Polysaccharidnatur wirksam, bei denen das Auftreten von Kreuzreaktionen bei serologischen Testungen ein weitaus größeres Problem darstellt und die Spezifität diagnostisch relevanter Methoden somit als geringer einzuschätzen ist. Dies ist ein entscheidender Grund dafür, daß der Stellenwert der Serologie bei der Identifizierung und Diagnose von Bakterien bzw. Bakteriosen geringer ist als in der Virologie. Während in der Phytobakteriologie lange Zeit Agglutinationsteste dominierten, fanden in der Virologie vor allem Präzipitationsteste wie der Mikropräzipitations-Tropfentest und der Agargel-Doppeldiffusionstest Anwendung (Übersicht bei RICHTER u. a., 1974). Im Hinblick auf die Diagnose erfüllen diese „klassischen" Immunoassays zumindest bei Viren die Anforderungen hinsichtlich Spezifität und Praktikabilität, da sie sowohl einfach als auch zeitsparend sind. Ihr größter Nachteil liegt demgegenüber in der begrenzten Nachweisempfindlichkeit (RICHTER und SPAAR, 1981; SPAAR und RICHTER, 1977). In den 70er Jahren hat sich der Einsatzbereich für diagnostische Nachweismethoden im allgemeinen und Immunoassays im besonderen durch die Einführung neuartiger Techniken erheblich erweitert. Im folgenden sollen an Hand von Beispielen aus dem Bereich der Virologie unter besonderer Berücksichtigung von Erfahrungen aus dem Institut für Phytopathologie (IfP) Aschersleben einige Schwerpunkte herausgestellt werden. Als besonders erfolgreich erwiesen sich auf serologischem Gebiet zwei Wege: die Verwendung des Elektronenmikroskopes zur Versuchsdurchführung (Immunelektronenmikroskopie) und der Einsatz enzymmarkierter Antikörper in Form von Antikörper-Enzym-Konjugaten (enzyme-linked immunosorbent assay „ELISA"). Bei den genannten Methoden wird die hohe Spezifität der serologischen Reaktionen verknüpft mit der hohen Nachweisempfindlichkeit der Elektronenmikroskopie bzw. von enzymatischen Reaktionen. Verschiedene Techniken der Immunelektronenmikroskopie haben sich in Forschungsinstituten für die schnelle Identifizierung von Pflanzenviren bewährt, zumal – im Gegensatz zum ELISA – die Anforderungen an die Qualität der Antiseren nicht hoch sind. Auch für diagnostische Fragestellungen sind diese Techniken geeignet, wenngleich der geringe Probendurchsatz ebenso wie der Einsatz von Elektronenmikroskopen ihre Verwendung für serienmäßige Routinetestungen ausschließen. Im Gegensatz dazu werden für die ELISA-Technik keine so kostenspieligen Geräte benötigt. Zudem ermöglicht ein hohes Mechanisierungs- bzw. Automatisierungspotential die Durchführung von Massentestungen. Diese Charakteristika haben dazu geführt, daß der ELISA schnell und in großem Umfang zur Klärung diagnostischer Fragestellungen herangezogen wurde und heute vielfach die Methode der Wahl darstellt. In der Pflanzenvirologie kommen für den Antigennachweis fast ausschließlich nicht-kompetitive Techniken unter Verwendung von markierten Antikörpern zum Einsatz. In den letzten Jahren hat sich allgemein herausgestellt, daß die sogenannten Sandwich-Techniken bezüglich der Nachweisempfindlichkeit und der Spezifität die besten Resultate erbringen (AVRAMEAS, 1983; EKINS, 1985).

Besonders bewährt beim Nachweis von Pflanzenviren hat sich der direkte Doppelantikörper-Sandwich (DAS)-ELISA, der von CLARK und ADAMS (1977) eingeführt wurde. Dieser Variante mit alkalischer Phosphatase als Marker kommt noch heute die dominierende Rolle zu, nicht zuletzt auf Grund ihrer hohen Spezifität, ihrer günstigen Werte für den Background und ihrer relativ geringen Störanfälligkeit.

Besonders breite Anwendung findet der direkte DAS-ELISA (im folgenden kurz ELISA genannt) bei der serienmäßigen Testung von vegetativ vermehrten und mehrjährigen Kulturen (Kartoffeln, Obstgewächse, Zierpflanzen), aber auch bei anderen Kulturen (Getreide, Zuckerrüben, Gemüse- und Futterpflanzen) sind Befallsanalysen von steigender Bedeutung. Eine wichtige Rolle spielen Virustestungen als Bestandteil von Programmen zur Erzeugung von virusfreiem Ausgangsmaterial bzw von zertifiziertem Saat- und Pflanzgut Den größten Umfang hat die Anwendung des ELISA im Kartoffelbau angenommen. Ein Großeinsatz der ELISA-Technik ist heute in der DDR wie in anderen Ländern durch eine entsprechende Gerätetechnik möglich geworden. Als Träger haben sich weltweit Mikrotitrationsplatten aus Plastematerialien durchgesetzt (Hersteller in der DDR: VEB MLW Polyplast Halberstadt), zur Standardausrüstung gehören Multidispenser bzw. -dosierer und vertikal messende Photometer, die eine Versuchsauswertung in den Testplatten direkt ermöglichen und mit Computern bzw. Druckern kombiniert werden können Produzent dieser Technik in der DDR ist das Kombinat VEB Carl Zeiss Jena Die Geräte sowie periphere Komponenten werden im System (SUMAL) angeboten (KNULL und KIEROK, 1985).

Ein routinemäßiger Einsatz des ELISA wirft die Frage nach der Vereinfachung bzw Verbilligung der Technologie auf Eine wichtige Vereinfachung besteht darin, daß die Versuchsauswertung nicht mit Hilfe von Photometern, sondern visuell erfolgt. Im Rahmen der breiten Einführung des ELISA in die Praxis stellte sich eine weitere Tatsache als erschwerend heraus der nicht unerhebliche Bedarf an Immunreagenzien und Chemikalien, der zu relativ hohen Kosten führt Ein Weg, um zu weitreichenden Einsparungen zu kommen, besteht in der Miniaturisierung des üblicherweise angewendeten Standard (= Mikroliter)-Verfahrens Dieser Weg wurde erstmals in der DDR von HORN u a (1981) im medizinischen Bereich beschritten. Im IfP Aschersleben wurde unter Verwendung hochwertiger Antiseren und eines fluorigenen an Stelle des üblichen chromogenen Enzymsubstrates ein Ultramikro (UML)-ELISA entwickelt, bei dem mit Testvolumina von 10 µl anstelle von 200 µl gearbeitet wird (REICHENBÄCHER u a, 1984; 1986) Die Versuchsauswertung kann mit dem Photometer des Analysensystems SUMAL erfolgen, das mit einem Ansatz für Fluoreszenzmessungen ausgerüstet ist, oder visuell unter Zuhilfenahme einer UV-Lampe

Als Bestandteil von SUMAL wurden im IfP Aschersleben Testbestecke entwickelt, die inzwischen auch kommerziell vertrieben werden und die notwendigen Immunreagenzien (Antikörper, Konjugate, positive und negative Kontrollen) in gebrauchsfertiger Form enthalten. Mit solchen Testbestecken – in der Medizin seit langem in Gebrauch – konnte nun auch in der Phytopathologie ein wichtiger Schritt in Richtung auf Standardisierung der Testmaterialien vollzogen werden, der für die Praxis von großer Bedeutung ist. In der DDR haben sich inzwischen nicht nur Reagenziensets für den ELISA-Nachweis von Kartoffelviren (RICHTER u. a., 1986) bewährt, sondern auch solche für den Virusnachweis in Getreide, Zuckerrüben und anderen Kulturen. Adäquate Testbestecke für den Nachweis wichtiger phytopathogener Bakterien befinden sich im Stadium der Entwicklung bzw. werden gegenwärtig in die Produktion überführt.

Es kann heute eingeschätzt werden, daß der ELISA seine Bedeutung im Kartoffelbau behalten wird und darüber hinaus ständig neue Virus-Wirt- bzw. Erreger-Wirt-Systeme und Anwendungsbereiche erschlossen werden. Die wesentlichen Charakteristika für einen Routine-ELISA im Pflanzenbau können wie folgt wiedergegeben werden:

- direkte Doppelantikörper-Sandwich-Technik,
- alkalische Phosphatase als Marker,
- Mikro- bzw. Ultramikrovarianten,
- kommerziell vertriebene Reagenziensets,
- visuelle Versuchsauswertung.

Die weitreichende Einsetzbarkeit des ELISA in seiner gegenwärtigen Form ist auch in anderen Disziplinen gegeben. MASAYEFF (1986) schreibt dazu: „Even if newer methods now appear in the laboratories it is unlikely that they will present an optimal combination of features as that which permitted the widespread diffusion of the ELISA method. It can be predicted, that, especially for antibody determination, or qualitative or semiquantitative determination of antigen, ELISA will be difficult to surpass."

Nichtsdestoweniger stellt die Verbesserung bzw. Rationalisierung von Nachweismethoden auch auf dem Gebiet der Diagnose von Krankheitserregern ein aktuelles Problem dar. Im Hinblick auf Verbesserungen der Nachweisempfindlichkeit, der Spezifität und/oder der Praktikabilität stehen insbesondere die Rationalisierung vom Immunoassays und auch die Erprobung diagnostischer Verfahren auf der Basis des Nachweises von viralen Nukleinsäuren ständig im Blickpunkt des Interesses. Für die Erarbeitung verbesserter Immunoassays ist vor allem eine neue Technik der Antikörperherstellung in vitro, die sogenannte Hybridom-Technik von Bedeutung, die zuerst von KÖHLER und MILSTEIN (1975) beschrieben wurde und in den 80er Jahren auch Einzug in die Pflanzenvirologie hielt (Übersicht bei SANDER und DIETZGEN, 1984). Hierbei werden bekanntlich immunkompetente

Zellen aus der Milz von Mäusen, die zuvor mit dem ausgewählten Antigen immunisiert wurden, mit einer permanent kultivierbaren Zellinie von Maus-Myelomen fusioniert und nach der Fusion das Weiterleben von nicht-fusionierten Zellen durch chemische Selektion verhindert. Die überlebenden Zellen sind somit Fusionsprodukte mit Beteiligung einer Tumorzelle (= Hybridome), die z. T. einen spezifischen Antikörper sezernieren, der monoklonalen Ursprungs ist Diese monoklonalen Antikörper (mAk) sind homogen und nur gegen ein einzelnes Epitop des Antigens gerichtet. Sie stellen somit gut definierbare (immun)-chemische Reagenzien mit einheitlicher Spezifität dar, während die konventionell hergestellten (polyklonalen) Antiseren immer eine Vielzahl von Antikörpern unterschiedlicher Spezifität enthalten. Es hat sich inzwischen herausgestellt, daß sich durch den Einsatz von mAk für diagnostische Zwecke sowohl eine Erhöhung der Spezifität (im Sinne einer Differenzierung in Serotypen) als auch eine Steigerung der Nachweisempfindlichkeit und eine Verbesserung der Praktikabilität von Immunoassays erreichen läßt Aus dem IfP Aschersleben wurde bereits über positive Ergebnisse mit mAk gegen Pflanzenviren berichtet (RABENSTEIN u. a., 1984, HAASE und RABENSTEIN, 1988) Neuesten Ergebnissen zufolge, die in Fortsetzung dieser Arbeit am Beispiel des Gurkenmosaik-Virus gewonnen wurden, lassen sich mit Hilfe von mAk unter bestimmten Bedingungen (Verwendung von zwei mAk gegen unterschiedliche Epitope des Virus, simultane Zugabe von Antigen und markiertem Antikörper) Teste entwickeln, die alle drei Vorteile in sich vereinen. Die Frage nach dem zukünftigen Umfang des Einsatzes von mAk in der Pflanzenvirologie muß allerdings differenziert gesehen werden. Angesichts der Tatsache, daß mAk nicht nur in ihrer Affinität und in ihrer Spezifität sehr unterschiedlich sind, sondern auch bezüglich Stabilität und Reaktivität (z. B in der Eignung als Coating- oder Konjugat-Antikörper) große Differenzen aufweisen, ist es notwendig, einen ganzen Satz gegen das jeweilige Antigen zu gewinnen, um dann die am besten geeigneten zu selektieren Dadurch wird jedoch die Gesamtprozedur teuer und zu zeitaufwendig. Hinzu kommt, daß im Bereich der Serologie mit dem ELISA bei Verwendung polyklonaler Antiseren ein Verfahren vorliegt, das sich bereits durch eine relativ hohe Nachweisempfindlichkeit und durch gute Praktikabilität auszeichnet und dessen Spezifität zudem durch Modifikation des Testdesigns variabel gestaltet werden kann. Aus diesen Gründen ist die Herstellung und der Einsatz von mAk nur dann zu empfehlen, wenn es

a) um die Durchführung serienmäßiger Testungen an wichtigen Kulturpflanzen bzw. um den Nachweis von wirtschaftlich wichtigen Viren mit großem Wirtskreis geht und

b) Probleme gibt bei der kontinuierlichen Produktion polyklonaler Antiseren in ausreichender Qualität und Quantität, wie etwa bei den wirtschaftlich wichtigen Vertretern der Luteovirus-Gruppe.

Eine größere Bedeutung könnten mAk in der Bakteriologie erlangen, da hier – wie bereits angedeutet – größere Probleme bezüglich der Spezifität und der Nachweisempfindlichkeit von Immunoassays bestehen. Erste Ergebnisse aus dem IfP Aschersleben scheinen dies zu bestätigen Unter den anderen Wegen, die zur Rationalisierung und Weiterentwicklung von Immunoassays beschritten werden und die auch für die Pflanzenvirologie relevant sind, seien noch zwei erwähnt der Einsatz alternativer Träger und alternativer nichtradioaktiver Marker Unter den Trägern sind solche von Interesse, die wie Nitrocellulose über eine hohe Proteinbindungskapazität verfügen und bei denen – im Gegensatz zu den Plastematerialien – die Proteinbindung relativ fest ist und somit die Desorption während der Waschprozesse gering bleibt Die zu testenden Antigene werden einfach auf den Träger aufgetragen. Diesen Vorteilen steht allerdings als Nachteil die Gefahr des Auftretens unspezifischer Reaktionen gegenüber, so daß ein breiter Einsatz der als „dot immunobinding assay" oder Dot-ELISA bezeichneten Technik fraglich erscheint Immerhin führen diese Teste bereits auf einen gezielten Einsatz vereinfachter Techniken außerhalb gut ausgestatteter Labors bei geringem Probenanfall hin. Aussichtsreich in dieser Hinsicht könnte die Entwicklung von Enzymimmunoassays auf trockenchemischer Basis sein, d. h. von ELISA-Varianten auf der Grundlage von Teststreifen, wie sie in der Medizin schon seit einigen Jahren angestrebt werden (siehe MORRIS u a , 1987).

Unter den Immunoassays mit alternativen Markern wird gegenwärtig ein spezifischer fluorimetrischer Test bevorzugt, bei dem Europiumchelate als Marker dienen, die sich durch eine relativ lange Zerfallszeit auszeichnen. Die Messung erfolgt bei diesem „time-resolved fluoroimmunoassay" verzögert, d h erst nach dem Abklingen der normalen Fluoreszenzen, die bei den klassischen Fluoroimmunoassays einen ernsthaften Störfaktor darstellen. Erste Ergebnisse beim Nachweis tier- und pflanzenpathogener Viren (SIITARI u a , 1986) stimmen optimistisch, insbesondere was die Erhöhung der Nachweisempfindlichkeit betrifft

Diagnostische Verfahren auf der Basis eines Nachweises viraler Nukleinsäuren traten in den frühen 80er Jahren gleichfalls in den Blickpunkt Unter den zur Fraktionierung und Charakterisierung von Nukleinsäuren verbreiteten Methoden spielt die Polyacrylamid-Gelelektrophorese eine wichtige Rolle Diese Methode wurde in den letzten Jahren in folgenden zwei Fällen für diagnostische Aufgaben eingesetzt.

1 Nachweis von Viroiden

Viroide sind die kleinsten Krankheitserreger, die wir bisher kennen. Es handelt sich hierbei um einsträngige, kovalent geschlossene zirkuläre RNA-Moleküle aus 246–375 Nukleotiden mit autonomer Replikation, deren Struktur vollständig aufgeklärt werden konnte (RIESNER und GROSS, 1985) Auf Grund der strukturellen Besonderheiten der Viroidmoleküle gelang die Ausarbeitung einer speziellen Variante der Gelelektrophorese (Return-Gelelektrophorese), die einen routinemäßigen Viroidnachweis im Rohsaft infizierter Pflanzen möglich macht (SCHUMACHER u. a., 1986).

2. Nachweis von viraler Doppelstrang (ds)-RNA

Das Genom der überwiegenden Mehrzahl phytopathogener Viren stellt einsträngige RNA dar, die bei der Vermehrung in der Wirtszelle als Matrix für die Synthese eines komplementären Minusstranges fungiert, der seinerseits wieder den Bauplan für die Bildung der neuen infektiösen Virus-RNA darstellt. Diese Vermehrungszwischenprodukte können aus der Pflanze isoliert werden, wobei sie als Artefakte der Isolierung Doppelstrangstrukturen bilden. Unterschiedliche ds-RNA können auf gelelektrophoretischem Wege leicht getrennt und charakterisiert werden. Mit der Entwicklung einfacher Methoden zur Isolierung solcher RNA wurde ein Einsatz für diagnostische Zwecke möglich (MORRIS und DODDS, 1979). Diesem Diagnoseverfahren liegt die Annahme zugrunde, daß das Vorhandensein von ds-RNA in einer Pflanze immer auf eine Virusinfektion hindeutet, da gesunde Individuen frei von diesem Nukleinsäure-Typ sind. Obwohl diese Hypothese nicht unumstritten ist und zudem apathogene Cryptic-Viren die Analyse maskieren können, dürfte das Verfahren in Zukunft eine gewisse Bedeutung erlangen, insbesondere in solchen Fällen, bei denen – wie etwa im Obstbau – der Nachweis kompletter Viruspartikeln bisher auf Schwierigkeiten stößt oder nicht möglich ist.

Prinzipiell neue Diagnosemethoden sind in Verbindung mit der Entwicklung von Molekularbiologie und Gentechnik möglich geworden. Die Hybridisierungstechniken beruhen auf der Fähigkeit von komplementären Nukleinsäuremolekülen, miteinander unter Bildung eines Doppelstranges zu reagieren. Diese Erkennung und Bindung ist hochspezifisch, wobei durch die Wahl der Hybridisierungsbedingungen das Spezifitätsniveau variiert werden kann. Im Falle des Nachweises phytopathogener Viren (siehe HULL, 1986) geht es meist um die Hybridisierung zwischen Virus-RNA und einem Komplementärstrang, der als Sonde bezeichnet wird. Die entscheidende methodische Entwicklung zur Sondengewinnung stellte bekanntlich die Entdeckung und Gewinnung der reversen Transkriptase dar, eines Polymeraseenzyms, das an der Matrix von RNA komplementäre DNA-Stränge (cDNA) synthetisiert. Eine wichtige Möglichkeit zur Standardisierung wird durch die molekulare Klonierung erreicht, der Schlüsselmethode der Gentechnik. Gegenwärtig vollzieht sich allerdings ein genereller Übergang von der Nutzung dieser Rekombinanten-DNA zur Nutzung von entsprechenden RNA-Abkömmlingen, die durch in-vitro-Transkription gewonnen werden und gegenüber DNA-Sonden viele Vorteile aufweisen. Für die Sondenteste werden vor allem feste Träger (z. B. Nitrocellulose oder das in der DDR entwickelte CCA-Papier) eingesetzt. Die Markierung der Sonden erfolgt gegenwärtig noch über den

Einbau radioaktiver Nuklide, der Nachweis einer erfolgten Hybridisierung wird mittels Autoradiographie geführt. Aus der Literatur sind inzwischen eine Reihe von Fällen bekannt geworden, in denen cDNA-Sonden erfolgreich für diagnostische Zwecke eingesetzt wurden und die z. T. auch unter Praxisbedingungen brauchbare Ergebnisse lieferten (BOULTON u. a., 1986). Auch im IfP Aschersleben wurden positive Ergebnisse mit einer Reihe von Viren erhalten (SCHUBERT u. LEISER, 1986). Es kann eingeschätzt werden, daß der Sondentest in den kommenden Jahren zunehmend in der phytopathologischen Forschung und Praxis angewendet werden wird. Als Anwendungsobjekte kommen zum einen Erreger in Betracht, die kein Protein in der Wirtszelle bilden (Viroide, Viren mit defektem Hüllprotein) oder die aus anderen Gründen einer Serodiagnose nur schwer zugänglich sind. Einer breiten Anwendung von Sondentests steht gegenwärtig noch die radioaktive Markierung entgegen. Aus diesem Grunde gibt es weltweit Bemühungen nach alternativen Möglichkeiten für die Markierung. Am weitesten fortgeschritten ist offensichtlich der Einbau von Biotinmolekülen in die Sonde und die nachfolgende Reaktion mit Avidin, an das ein Markerenzym gekoppelt wurde. Die weitere Auswertung des Testes erfolgt in Analogie zum ELISA. An einer Lösung dieser anspruchsvollen Problemstellung wird unter anderem auch im Rahmen einer Kooperation zwischen dem Zentralinstitut für Molekularbiologie der AdW, dem IfP Aschersleben und dem Zentralinstitut für Genetik und Kulturpflanzenforschung Gatersleben der AdW gearbeitet. Bezüglich eines Einsatzes in der Praxis scheint uns in Zukunft eine Kombination von Sondentest und ELISA als erfolgversprechend, zumal die beiden Methoden unterschiedliche Bestandteile des Erregers erfassen. Grundsätzlich muß allerdings in diesem Zusammenhang noch einmal darauf verwiesen werden, daß praktikable Sondentests sich noch im Stadium der Entwicklung befinden, während im Falle des ELISA die Methodik vielseitig und ausgereift ist.

Wie bereits eingangs erwähnt, hat sich die Pflanzenzüchtung, konkret die Resistenzzüchtung, zu einem gesonderten Anwendungsbereich für diagnostische Verfahren entwickelt. Unter Resistenz wird hierbei die Fähigkeit eines Wirtes verstanden, die Entwicklung eines Pathogens zu hemmen oder zu verhindern. Züchtung und Anbau resistenter Sorten von Kulturpflanzen sind in solchen Fällen erforderlich, wo hohe Schäden auftreten und die Erreger sich schnell in den Beständen ausbreiten (siehe z. B. KEGLER u. a., 1987 a). Die Resistenz stellt dann den effektivsten, billigsten und auch umweltfreundlichsten Weg zur Bekämpfung dar.

Die Resistenzzüchtung bei Kulturpflanzen orientierte sich bisher vorwiegend auf die mono- oder oligogen bedingte Krankheitsresistenz, da diese leichter handhabbar und schneller zu erreichen ist. Sie hat jedoch den wesentlichen Nachteil, daß sie durch Entstehung neuer Pathotypen durchbrochen und damit unwirksam werden kann. Diesen Nachteil weist die polygen bedingte Resistenz nicht auf, die zwar nicht absolut, aber stabil ist. Da sie sowohl seitens des Wirtes als auch seitens des Erregers durch quantitative Merkmale charakterisiert ist, wird sie als quantitative Resistenz (KEGLER u. a., 1987 a) bezeichnet.

In der Praxis der Resistenzzüchtung spielt die Prüfung auf Virus-Resistenz eine große Rolle. Diese besteht in der experimentellen oder natürlichen Infektion des Zuchtmaterials mit anschließender Untersuchung der aufgetretenen Reaktionen. Als wichtigste Voraussetzungen für die Virusresistenzprüfung müssen in diesem Zusammenhang zuverlässige und praktikable Prüfungsmethoden sowie geeignete Verfahren zur Bewertung der Resistenz genannt werden. Bei Virus-Wirt-Kombinationen mit quantitativer Resistenz stellen neben dem Ertrag die Symptomstärke und die Viruskonzentration wichtige Kriterien für die Bewertung des Resistenzniveaus dar. Mit der Symptomstärke können sowohl die Viruskonzentration als auch die Erträge korrelieren. Die Symptomstärke stellt vielfach heute noch die Grundlage der Bewertung dar. Hierbei werden graduelle oder farbliche Unterschiede visuell erfaßt, die ihrerseits als Grundlage für mehrklassige Bewertungsschemata dienen. Derartige Sichtbonituren sind allerdings subjektiv und relativ ungenau. Dies erschwert naturgemäß vergleichende Untersuchungen zur Virusresistenz. Aus diesem Grunde wurde in jüngster Zeit eine Methode erarbeitet, bei der die Messung der Symptomstärke objektiviert wird und mittels Remissionsspektroskopie unter Verwendung des Specord M 40 vom Kombinat VEB Carl Zeiss Jena erfolgt (KEGLER u. a., 1987 b).

Zur Bestimmung der Viruskonzentration werden vor allem serologische Methoden herangezogen, insbesondere der ELISA. Die in den letzten Jahren durchgeführten Untersuchungen im IfP Aschersleben haben in einer Reihe von Fällen die immunologische Konzentrationsbestimmung als brauchbares Kriterium zur Erfassung von quantitativer Virusresistenz ausgewiesen. In diesem Zusammenhang hat sich eine orientierende Bestimmung der Viruskonzentration bei Einhaltung bestimmter Richtlinien als ausreichend erwiesen.

Abschließend soll noch auf einen aktuellen Aspekt weltweiter Forschung und Entwicklung hingewiesen werden, der auch die Virusresistenz und -diagnose tangiert. Die erfolgreiche Klonierung und Sequenzierung von Teilen des viralen Genoms hat auch die Möglichkeit der gentechnischen Manipulation der Virusresistenz von Pflanzen eröffnet. Entsprechende Arbeiten, zum Beispiel solche bei der US-amerikanischen Monsanto Company befinden sich z. T. noch im Stadium der erkundenden Grundlagenforschung. Erste Erfolge wurden u. a. mit dem Transfer des Hüllproteingens des Tabakmosaik-Virus (TMV) mit Hilfe von Agrobacterium tumefaciens in das Genom von Tabak erzielt. Die transgenischen Pflanzen produzierten das Hüllprotein und wiesen nach mechanischer Inokulation mit einem anderen TMV-Stamm eine deutliche Reduktion der Symptomentwicklung und der Virusvermehrung auf.

Diese Form von induzierter Resistenz erinnert an das als Prämunität (cross protection) bekannte Phänomen und wird deshalb von NELSON u. a. (1987) als „genetically engineered cross-protection" bezeichnet. Diese Prämunität wird in einigen der geprüften Fälle ähnlich der durch Erstinfektion hervorgerufenen Prämunität bei Infektion der Pflanzen mit isolierter Virus-RNA unterlaufen. Eine vollständige Erklärung dieser Erscheinung ist gegenwärtig noch nicht möglich.

Neben den Modellobjekten Tabak und Tomate laufen international Forschungsarbeiten zur Integration klonierter Virusgenomabschnitte auch in Kartoffel, Zuckerrübe, Pflaume, Getreide u. a. In der DDR hat sich auf diesem Gebiet eine Gemeinschaftsarbeit zwischen dem IfP Aschersleben, dem Zentralinstitut für Genetik und Kulturpflanzenforschung Gatersleben der AdW und dem Institut für Rübenforschung Klein Wanzleben angebahnt, die zielstrebig weiterentwickelt werden muß. Ein Schlüsselproblem besteht darin, transformierte Pflanzen in die Hand zu bekommen, die die integrierten Sequenzen genetisch stabil exprimieren.

Die Zukunft transgenischer Pflanzen ist gewiß. Der gegenwärtige Entwicklungsstand gestattet jedoch noch keine detaillierten Prognosen über die Qualität und den Termin der Verfügbarkeit entsprechenden Ausgangsmaterials für die züchterische und landwirtschaftliche Praxis. Diese transgenischen Pflanzen stellen bereits heute neue Anforderungen an Diagnosetechniken, geht es doch hierbei neben dem eigentlichen Erregernachweis darum, einzelne Erregerbestandteile (z. B. das Virushüllprotein) als Genprodukte der transformierten Pflanze nachzuweisen.

Literatur

Avrameas, S. (1983): Enzyme immunoassays and related techniques: development and limitations. Current Top. Microbiol. Immunol. **104**, 93–99

Boulton, R. E.; Jellis, G. J.; Baulcombe, D. C.; Squire, A. M. (1986): The application of complementary DNA probes to routine virus detection, with particular reference to potato viruses.
In: R. A. C. Jones and L. Torrance (eds.): Developments and applications in virus testing. The Association of Applied Biol.; 41–53

Clark, M. F.; Adams, A. N. (1977): Characteristics of the microplate method of enzyme-linked immunosorbent assay for the detection of plant viruses. J. gen. virol. **34**, 475–483

Ekins, R. P. (1985): Current concepts and future developments. In: W. P. Collins (ed.): Alternative immunoassays, John Wiley & Sons Ltd.

Haase, A.; Rabenstein, F. (1988): Serotype-specific monoclonal antibodies against two cucumoviruses. Arch. Phytopathol. Pflanzenschutz **24**, 167–169

Harrison, B. D. (1980): A biologist's view of twenty-five years of plant virus research. Ann. appl. biol. **94**, 321–333

Horn, A.; Fernandez Yero, J. L.; Schulze, M. (1981): Ultramicro-ELISA for α_1-fetoprotein with the chamber analytic technique. J. clin. chem. clin. biochem. **19**, 702
Hull, R. (1986): The potential for using dot-blot hybridisation in the detection of plant viruses. In: R. A. C. Jones and L. Torrance (eds.): Developments and applications in virus testing. The Association of Applied Biol.; 3–12
Kegler, H.; Kleinhempel, H.; Krause, G. W. (1987 a): Grundlagen der Virusresistenz. In: H. Kegler und H. Kleinhempel (eds.): Virusresistenz der Pflanzen. Akademie-Verlag Berlin; 1–44
Kegler, H.; Weber, I.; Briest, E. (1987 b): Remissionsspektroskopische Messung virusbedingter Blattverfärbungen. Arch. Phytopathol. Pflanzenschutz **23**, 495–497
Knull, B.; Kierok, R. (1985): SUMAL – ein neues Gerätesystem aus dem Kombinat VEB Carl Zeiss Jena für die Ultramikroanalytik. Jenaer Rdschau **30**, 164–168
Köhler, G.; Milstein, C. (1975): Continuous cultures of fused cells secreting antibodies of predefined specifity. Nature **256**, 495–497
Masayeff, R. E. (1986): The importance of enzyme-immunoassay in biology and medicine. In: H. U. Bergmeyer, J. Bergmeyer und M. Großl (eds.): Methods of enzymatic analysis, Volume IX, Proteins and peptides. Verlag Chemie, Weinheim, 6–14
Morris, D. L.; Ledden, D. J.; Boguslaski, R. C. (1987): Dryphase technology for immunoassays. J. clin. lab. analysis **1**, 243–249
Morris, T. J.; Dodds, J. A. (1979): Isolation and analysis of double-stranded RNA from virus-infected plant and fungal tissue. Phytopathology **69**. 854–858
Nelson, R. S.; Powell Abel, P.; Beachy, R. N. (1987): Lesions and virus accumulation in inoculated transgenic tobacco plants expressing the coat protein gene of tobacco mosaic virus. Virology **158**, 126–132
Rabenstein, F.; Kühne, T.; Richter, J.; Kleinhempel, H. (1984): Herstellung monoklonaler Antikörper gegen das Milde Rübenvergilbungs-Virus (beet mild yellowing virus). Arch. Phytopathol. Pflanzenschutz **20**, 517–519
Reichenbächer, D.; Kalinina, I.; Schulze, M.; Horn, A.; Kleinhempel, H. (1984): Ultramicro-ELISA with a fluorogenic substrate for detection of potato viruses. Potato res. **27**, 353–364
Reichenbächer, D.; Kleinhempel, H.; Spaar, D. (1986): Ul' tramikrovariant immunofermentnogo analiza diagnostiki rastitel' nych virusov. Doklady VASCHNIL No. 3, 7–9
Richter, J.; Reichenbächer, D.; Ulbricht, G. (1985): Einsatz des ELISA-Verfahrens zum Nachweis von Kartoffelviren bei der Pflanzgutkontrolle. Saat- u. Pflanzgut **26**, 141–143
Richter, J.; Spaar, D. (1981): Zur Frage der Differenzierung von Stämmen bei pflanzenpathogenen Viren. Arch. Phytopathol. Pflanzenschutz **17**, 9–21
Richter, J.; Spaar, D.; Reichenbächer, D. (1974): Die Anwendung serologischer Methoden in der Pflanzenproduktionsforschung. Fortschrittsber. Land- u. Nahrungsgüterwirtsch. **12**, Heft 4, 1–64
Riesner, D.; Gross, H. J. (1985): Viroids. Annu. rev. biochem. **54**, 531–564
Sander, E.; Dietzgen, R. G. (1984): Monoclonal antibodies against plant viruses. Adv. virus res. **29**, 131–168
Schumacher, J.; Meyer, N.; Riesner, D.; Weidemann, H. L. (1986): Diagnostic procedure for detection of viroids and viruses with circular RNAs by "return"-gel electrophoresis. J. phytopathol. **113**, 332–343

Siitari, H.; Lövgren, T.; Halonen, P. (1986): Detection of viral antigens by direct one-incubation time-resolved fluoroimmunoassay. In: R. A. C. Jones and L. Torrance (eds.): Developments and applications in virus testing. The Association of Applied Biol., 155–164

Schubert, J.; Leiser, R. M. (1986): Improvements in the detection of plant viruses by means of radioactive cDNA-probes. In: Recent results in plant virology, Abstr. Reinhardsbrunn, 23.–27. 3. 1986, 100–101

Spaar, D. (1985): Wirtschaftliche Bedeutung von Viruskrankheiten der Kulturpflanzen. In: D. Spaar und H. Kleinhempel (eds.): Bekämpfung von Viruskrankheiten der Kulturpflanzen. VEB Deutscher Landwirtschaftsverlag Berlin, 9–33

Spaar, D.; Kleinhempel, H. (1989): Wirtschaftliche Bedeutung, Verbreitung und Schadwirkung phytopathogener Prokaryoten. In: H. Kleinhempel; K. Naumann; D. Spaar (eds.): Bakterielle Erkrankungen der Kulturpflanzen. VEB Gustav Fischer Verlag Jena (im Druck)

Spaar, D.; Richter, J. (1977): Razrabotka i primenenie testov precipitacii v gele dlja serijoj serodiagnostiki fitopatogennych virusov. Biol. nauki, No. 12, 27–32

ISBN 3-05-500 525-2
ISSN 0138-3965

FSC
www.fsc.org
MIX
Papier | Fördert
gute Waldnutzung
FSC® C083411

Zeitfracht Medien GmbH
Ferdinand-Jühlke-Straße 7
99095 Erfurt, Deutschland
produktsicherheit@kolibri360.de